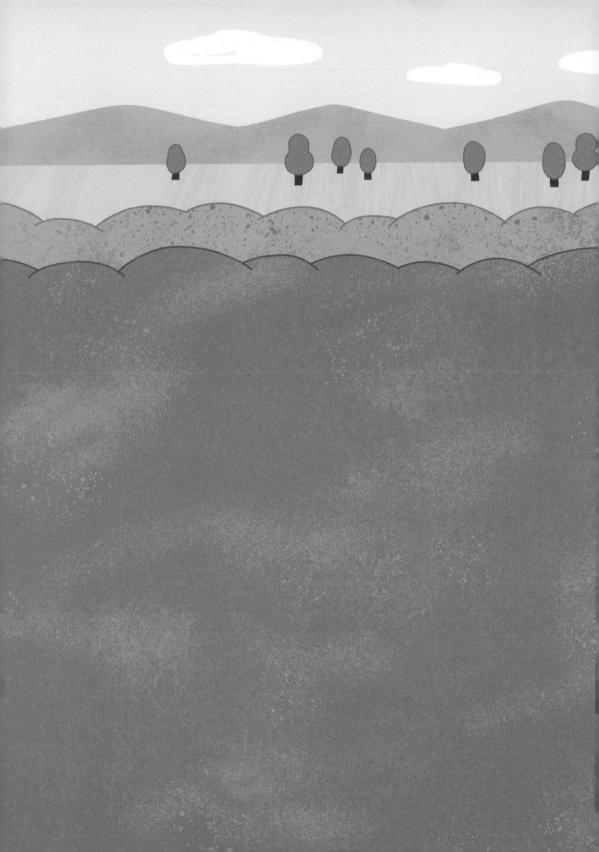

흙에는
뭐든지
있어!

흙에는 뭐든지 있어!

1쇄 인쇄   2024년 11월 12일
1쇄 발행   2024년 11월 26일

지은이   김수주
그린이   이한아
펴낸이   이학수
펴낸곳   키큰도토리
편 집   이효원
디자인   박정화

출판등록   제395-2012-000219호
주소   10543 경기도 고양시 덕양구 청초로 66, B-617호
전화   070-4233-0552
팩스   0505-370-0552

전자우편   kkdotory@daum.net
홈페이지   www.kkdotori.com
블로그   blog.naver.com/kkdotory
페이스북   facebook.com/kkdotory
인스타그램   instagram.com/kkdotori

사진 제공
15쪽 위키미디어(Norbert Nagel, Mörfelden-Walldorf) 17쪽 위키미디어(Vengolis)
28쪽 위키미디어(NASA/JPL-Caltech) 35쪽 국립중앙박물관 46쪽 위키미디어
(François GOGLINS) 50쪽 위키미디어(Sharaf Al Deen) 60쪽 위키미디어(Diliff) 62
쪽 국립중앙박물관 71쪽 위키미디어(United States Department of Energy) 81쪽 위
키미디어(Lynn Betts) 92쪽 위키미디어(Daniel Baránek)

ISBN 979-11-92762-37-1 74400
      978-89-98973-78-0 74400 (세트)

어린이제품안전특별법에 의해 제품표시	
제조자명 키큰도토리 **제조국명** 대한민국 **사용연령** 만 9세 이상 어린이 제품	**전화번호** 070-4233-0552 **주소** 10543 경기도 고양시 덕양구 청초로 66, B-617호

물질로 보는 문화

흙에는 뭐든지 있어!

김수주 글 | 이한아 그림

키큰도토리

지구 생명의 밑거름, 흙

흙은 우리에게 없어서는 안 될 소중한 보금자리야. 대부분의
식물이 흙에 뿌리를 내리고 살아. 많은 동물이 흙에 깃들어 살고
있지. 흙은 물을 가두어 두고, 불순물이나 오염 물질을 없애 주
기도 해. 우리는 흙 없이 살 수 없어. 흙은 지구에 사는 인간뿐만
아니라 모든 생물의 소중한 터전이란다.

흙이 지구를 덮으면서 지구는 생명체가 살 수 있는 곳이 되었
어. 인간은 흙에서 자라는 식물에서 열매를 따서 먹고, 동물을
사냥하면서 떠돌아다녔지. 그러다가 기름진 흙에서 작물을 기르
면서 한곳에 눌러살고, 문명을 이룩했어. 인간은 흙을 일구어 더
많은 작물을 거두어들이게 되었고, 도시가 생겨났지.

인간은 흙을 이용하여 여러 가지 도구를 만들었어. 불을 이용해 흙을 단단하게 만들기도 하고, 투명하게 바꾸기도 하면서 말이야. 도시는 급속도로 발전해 나갔고, 흙은 도시와 산업 발달의 밑거름이 되었어.

그런데 이렇게 소중한 흙이 죽어 가고 있어. 도시와 산업이 급속도로 발전하면서 인간이 쏟아 내는 많은 것들이 흙에 섞이기 시작했지. 흙은 오염되고 말았어. 거기에 기후 변화로 인해 흙은 물을 잃고 황폐해졌지. 한번 황폐해진 흙을 되살리려면 많은 시간과 비용, 노력이 필요하단다.

흙은 지금도 인간에 의해 모습을 바꾸어 가며 우리 주위를 둘러싸고 있어. 흙이 어떻게 생겨났으며, 앞으로는 어떤 모습으로 변해 갈지 함께 들여다보자.

첫 번째 풍경

지구를 덮은 흙

　약 46억 년 전에 지구가 생겨났어. 갓 태어난 지구
는 아주 뜨거웠지. 시간이 지나 뜨겁던 지구가 식으며
대기와 물이 생겼어. 그리고 대기와 물 때문에 땅에
있던 바위가 잘게 부서지기 시작했지. 그렇게 최초의
흙이 생겨났단다.

지구의 바위가 부서지다

지구에는 있지만 달에는 없는 것은 무엇일까? 달에는 물도 없고, 공기도 없고, 생명체도 없지. 그리고 또 한 가지, 흙도 없어.

"어? 달 사진을 보면 발자국도 흙에 찍혀 있고, 흙먼지도 날리던데요?"

이렇게 물어보는 친구들이 있을지도 몰라. 물론 달에도 바위가 아주 잘게 부서진 알갱이들은 있지. 하지만 엄밀히 말해서 흙은 없단다. '흙'이란 바위가 잘게 부서진 알갱이들에 미생물로 인해 다양한 동식물이 썩은 것들이 섞여 있는 물질을 말하거든. 지구는 이런 흙이 있는 '흙의 행성'이야.

하지만 처음부터 지구에 흙이 있지는 않았어. 약 5억 년 전까지 지구의 육지에는 바위와 돌만 가득했지. 그랬던 지구를 어떻게 흙이 덮게 되었을까?

지구는 약 46억 년 전에 탄생했어. 갓 태어난 지구는 하루가

멀다 하고 화산이 터지는 아주아주 뜨거운 행성이었지. 그 후 지구에 대기가 생겼고, 시간이 지나면서 지구는 식어 갔어. 대기 중에 있던 수증기는 지구가 식으면서 뭉쳐 구름이 되었고, 그 구름에서 비가 내렸지. 무려 수천 년 동안이나 말이야.

이때 바위에 있는 크고 작은 틈으로 빗물이 스며들었어. 빗물은 바위 표면에 있는 물질들을 천천히 녹였지. 빗물은 바위를 직접 쪼개기도 했어. 바위틈에 스며든 빗물이 얼면 부피가 늘어나거든. 이렇게 빗물이 오랜 시간에 걸쳐 얼었다가 녹는 과정을 되풀이하면, 틈이 넓어져서 바위가 부서지게 돼. 그렇게 바위는 아주 잘게 부서져 갔단다.

그리고 수억 년이 지나 '남세균(시아노박테리아)'이라는 생물이 생겨났어. 남세균은 하나의 세포로 이루어진 아주 작고 원시적인 생물이었지만, 아주 특별한 능력이 있었지. 엽록소를 가지고 있어서 광합성을 할 수 있었거든. '광합성'이란 빛과 이산화 탄소, 물을 이용해서 살아가는 데 필요한 양분을 스스로 만들어 내는 것을 말해. 남세균은 지구 대기에 풍부한 이산화 탄소로 수억 년 동안 광합성을 했어.

이산화 탄소가 녹은 물에 바위가 녹기도 했고, 광합성으로 만들어진 산소로 인해 바위 표면이 약해져서 부스러지기도 했어. 이렇게 아주 잘게 부서진 수많은 바위 알갱이들이 육지를 덮었고, 남세균도 덮어서 보호해 주었지. 남세균은 더욱 번성했고, 그로 인해 바위가 부서지는 속도가 빨라졌단다. 그렇게 바위가 아주 작게 부스러져 생긴 알갱이인 '원시의 흙'이 생겨났지.

흙을 만든 최초의 생명체

그렇게 시간이 흘러 어느덧 원시의 흙이 강과 바다를 제외한 땅을 뒤덮었어. 그 위에 정착한 생명체는 이끼와 지의류였지.

이끼는 물에서 광합성을 하면서 살아가던 단순한 생물인 조류가 진화하여 가장 먼저 땅으로 올라온 식물이야. 뿌리, 줄기, 잎이 없고, 꽃도 피우지 않아. 그리고 원시적인 씨라고 할 수 있는 '포자'로 대를 이어 살아가지. 대신 넓게 펼쳐진 잎처럼 생긴 '엽상체'가 줄기와 잎의 역할을 해서 광합성을 하고, 뿌리 대신 '헛뿌리'가 땅이나 바위 등에 달라붙어 몸을 단단히 고정해 줘. 우리 주위에서 볼 수 있는 이끼로는 우산이끼, 솔이끼 등이 있어.

지의류는 곰팡이와 조류가 만나 함께 살아가는 생물이야.

지의류는 보기에 버섯 같기도 하고, 이끼 같기도 해. 하지만 알고 보면 곰팡이와 조류가 만나 함께 살아가는 생물이야. 곰팡이가 추위와 더위, 가뭄 등에 견딜 수 있게 조류를 보호하고, 조류는 광합성을 해서 곰팡이가 살아갈 영양분을 만들어 주지. 지의류는 아주 느리게 자라는데, 1년에 겨우 1mm 정도 자란단다.

이 작은 이끼와 지의류는 바위에 착 달라붙어 광합성을 했어. 그리고 광합성으로 만들 수 없는 영양분은 바위를 녹여서 얻었지. 이때 생긴 영양분의 일부에 죽은 이끼와 지의류가 썩으면서 섞였어. 그렇게 원시의 흙에 썩은 생물이 섞인, 진정한 의미의 흙이 생겨나 지구를 덮기 시작했지.

흙에 깊이 뿌리 내린 식물

이끼에 이어서 땅에 나타난 식물은 양치식물이야.

"양치식물? 처음 듣는데요?"

이렇게 말하는 친구들이 많을 거야. 그런데 양치식물은 생각보다 더 우리 가까이에 있어. 며칠 전에 먹었을 수도 있지. 식탁에 반찬으로 오르는 고사리가 바로 대표적인 양치식물이야.

양치식물은 이끼와는 달리 뿌리, 줄기, 잎을 제대로 갖추고 있어. 하지만 꽃은 피지 않고, 포자로 대를 이어 살아가지. 화석으로 발견된 가장 오래된 양치식물은 4억 2500만 년 전에 나타났다고 해. 양치식물은 줄기에 영양분을 운반하는 통로인 체관과 물을 운반하는 통로인 물관이 있어서 뿌리에서 흡수한 물을 높은 곳까지 끌어올릴 수 있었어. 또한 조직이 단단해서 키가 커도 쓰러지지 않았지.

양치식물은 이끼와 달리 뿌리, 줄기, 잎을 갖추고 있으며, 씨 대신 포자로 번식해.

이런 특성 덕분에 양치식물은 육지에 잘 적응해서 물이 많은 습지의 흙에 뿌리를 내리고 살아갔어. 그리고 수십 미터까지 키가 자라며 땅을 가득 메웠지. 죽은 양치식물은 썩지 못한 채 습지에 첩첩이 쌓였고, 이후 지하에서 높은 열과 압력을 받아 검고 단단한 석탄이 되었어.

시간이 흐르자 지구의 온도는 더 내려갔고, 기후는 건조해졌어. 그에 따라 이러한 환경에 잘 적응하는 식물이 번성하게 되었지. 이들 식물은 바위틈에 뿌리를 내렸고, 뿌리가 자라면서 틈이 점점 더 벌어져 바위가 부서졌어. 거기에 더 많은 식물과 동물의 사체가 썩어서 섞였지. 흙은 점점 더 빠르게 많이 만들어졌단다.

흙이 하는 일

흙은 우리에게 없어서는 안 될 존재야. 너무나도 많은 역할을 하고 있거든. 어떤 일을 하는지 크게 몇 가지를 살펴보자.

첫째, 흙은 수많은 생물이 깃드는 소중한 보금자리야. 지구 생물의 약 23%가 흙에서 살고 있거든. 대부분의 식물은 흙에 뿌리를 내리고 몸을 단단히 지탱하면서 물과 필요한 양분을 얻지.

이렇게 자란 나무나 풀숲에 많은 새들이 둥지를 지어. 두더지나 들쥐, 개미 등의 동물들은 흙 속에 굴을 파고 살아. 현미경으로만 보이는 아주 작은 생물인 미생물도 흙에 아주 많이 살고 있단다.

둘째, 흙은 생물들 사이에 먹고 먹히는 관계를 유지하는 기초가 돼. 메뚜기, 토끼, 소, 기린, 코끼리 등 많은 동물들이 흙에서 자라는 식물을 먹고 살아. 이 동물들을 개구리, 독수리, 호랑이, 사자 등의 동물들이 먹고 살지. 그리고 생물이 죽으면 흙에 사는 세균과 곰팡이 등이 죽은 생물을 분해해 양분을 얻고, 식물이나 지렁이 등의 작은 동물들이 먹을 양분도 만들어 낸단다. 이렇게 흙은 생물 사이에 먹고 먹히는 관계가 사슬처럼 연결되는 '먹이 사슬'이 정상적으로 작동하는 데 큰 역할을 해.

셋째, 흙은 물을 가두는 역할을 해. 흙 알갱이 사이사이에는 빈 곳이 있는데, 비가 내리면 이 빈 곳에 빗물이 차게 되거든. 흙 속에 들어찬 이 물을 식물의 뿌리가 빨아들이거나 흙 속에 사는 동물들이 마셔. 아니면 땅속의 더 큰 공간에 모여 지하수가 되기도 하지.

넷째, 흙은 불순물이나 오염 물질을 제거해. 흙에 사는 세균 등

아주 작은 생물이 오염 물질을 분해하여 덜 해로운 물질로 바꾸어 주거든. 흙에서 살아가는 식물도 뿌리를 통해 특정한 오염 물질을 흡수하지. 뿐만 아니라 더러운 물이 흙의 크고 작은 알갱이들을 거치면서 물속에 있던 불순물이 걸러지기 때문에, 흙은 '자연의 정수기'라고 할 수 있어.

다섯째, 흙은 지구를 둘러싼 대기를 조절해 줘. 흙 알갱이 사이사이에는 빈 곳이 있다고 했지? 여기에는 물뿐만 아니라 질소, 산소, 이산화 탄소, 수증기 등의 기체도 있어. 기체는 많은 곳에서 적은 곳으로 이동하는 성질이 있기 때문에, 흙 속과 흙 밖의

기체가 서로 이동하면서 대기에 들어 있는 기체의 농도가 일정
하게 유지되도록 도와준다.

여러 층으로 이루어진 흙

흙은 바위, 돌, 자갈, 모래, 그리고 모래보다 더 작은 알갱이와 동식물이 분해되어 만들어진 유기물로 이루어져 있어. 이들이 흙의 약 50%를 차지하고, 공기와 수분이 각각 25% 정도를 차지해. 그중 유기물은 5% 내외로 적은 부분을 차지하지만, 식물의 양분을 공급하는 중요한 역할을 하지.

오래된 흙을 수직으로 잘라 보면 여러 층으로 이루어진 것을 볼 수 있어. 흙의 맨 아래층에는 큰 바위층이 있어. 이 바위층은 어머니 바위라는 뜻으로 '모암' 또는 '기반암'이라고 해. 그 위에는 바위층의 바위가 물과 바람 등에 의해 부서져서 생긴 아주 작은 알갱이 형태의 '모질물'이 있어. 어머니 바위와 성분이 같은 물질이라는 뜻이지. 모질물이 더 잘게 부서지고, 미생물이 자라면서 식물이 자랄 수 있는 양분을 만들면 겉흙이라고도 불리는 '표토'가 만들어져. 그리고 표토에 낙엽, 나뭇가지나 동물의 사체 등이 썩어서 섞이면 '부식토'가 되지. 부식토에는 유기물과 양분이 풍부해서 식물이 잘 자라.

시간이 지나면 표토에서 유기물이나 진흙처럼 크기가 아주 작은 알갱이들이 지하수나 빗물에 씻겨 내려가 표토 밑에 쌓이게

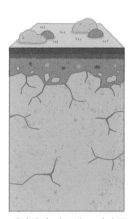
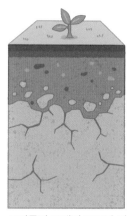
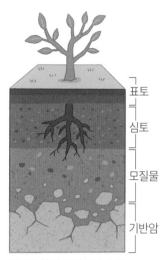

표토

심토

모질물

기반암

기반암이 지표에 드러나 풍
화되어 모질물이 된다.

모질물이 쪼개져 표토가 되
고, 표토에서는 식물이 자
란다.

표토에 있던 유기물이 스며
들어 심토가 만들어진다.

돼. 이를 '심토'라고 해. 속흙이라고도 하지. 이런 네 층을 갖춘
흙이 만들어지는 데는 수만 년에서 수백만 년이라는 오랜 시간
이 걸린단다.

다 같은 흙이 아니야

학교 운동장의 흙과 화단의 흙을 집어서 비교해 봐. 학교 운동
장의 흙은 색이 누렇고, 물기가 별로 없어서 금세 가루가 되어

손가락 사이로 빠져나가. 그런데 화단의 흙은 색이 검고, 약간 축축해서 뭉치면 덩어리가 되지. 이렇게 흙은 장소에 따라 다르단다. 또한 같은 장소에 여러 종류의 흙이 있기도 해.

흙은 기준에 따라 여러 종류로 나뉘어. 우선, 알갱이의 지름에 따라 네 종류로 나뉘지. 지름 0.002mm 이하는 점토, 지름 0.002~0.05mm는 미사, 지름 0.05~2mm는 모래, 지름 2mm 이상은 자갈이라고 해.

그런데 흙은 점토나 모래가 얼마만큼 섞여 있는지에 따라 나뉘기도 해. 모래가 거의 대부분인 흙은 모래흙(사토), 모래에 점토와 미사가 조금 섞여 있는 흙은 모래 참흙(사양토), 모래와 점토, 미사가 적당히 섞여 있는 흙은 참흙(양토), 점토가 참흙보다 더 많이 섞여 있는 흙은 질참흙(식양토)이라고 하지. 모래흙, 모래 참흙, 참흙, 질참흙은 각각 특성이 달라. 그에 따라 자라는 식물의 종류도 다르지.

모래흙은 물이 잘 빠지고 공기는 잘 통하지만, 물과 양분이 너무 빨리 빠져나가기 때문에 작물이 자라지 못해. 모래 참흙에서는 보리, 땅콩, 참외, 양배추, 고구마 등이 잘 자라. 참흙에서는 모든 식물이 잘 자라는데, 특히 가지, 배추, 배나무, 복숭아나무 등이 잘 자라지. 질참흙은 물이 잘 빠지지 않고 공기가 잘 통하지 않아 끈적거리지만, 양분이 많아. 질참흙에서는 밀, 콩, 팥, 벼, 연꽃, 호박, 귤나무 등이 잘 자란단다.

이것도 흙이라고?

화성의 '흙'에서 식물을 키울 수 있을까?

2015년에 개봉된 영화 <마션>에서 주인공인 마크 와트니는 화성을 탐사하다가 뜻하지 않은 사고로 화성에 혼자 남게 돼. 와트니는 구조대가 자신을 구하러 오기를 기다리면서 살아남아야 했지. 와트니는 화성 기지에 온실을 만들고, 화성의 '흙'을 깔았어. 그리고 자신의 대소변을 비료 삼아 감자를 기르기 시작했어. 와트니는 직접 키워 수확한 감자를 먹으면서 화성에서 머무르게 되지.

그렇다면 실제로도 화성에서 감자와 같은 식물을 기를 수 있을까? 답은 '가능하다'야. 영화처럼 화성에 온실을 설치한다면 충분히 식물을 기를 수 있다고 해. 단, 화성의 '흙'을 지구의 흙처럼 만든 다음에 말이야.

앞에서 '흙'이란 바위가 잘게 부서진 알갱이들에 나뭇잎, 풀, 작은 동물과 미생물로 인해 다양한 동식물이 썩은 것들, 즉 유기물이 섞여 있는 물질을 말한다고 했지? 화성은 달처럼 생물이 없기 때문에 달과 마찬가지로 바위가 아주 잘게 부서진 알갱이들이 있을 뿐, 진정한 의미의 흙은 없어.

과학자들은 화성의 돌 알갱이들에 유기물을 섞는다면 지구처럼 식물을 키울 수 있을 거라고 생각했어. 그래서 화성의 '흙'과 성분이 같은 흙에

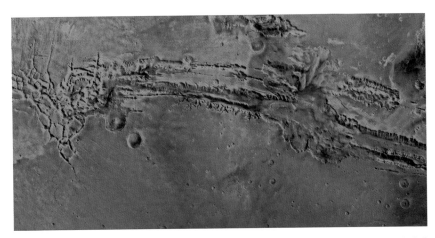

화성 표면은 불그스름한 자갈과 모래로 덮여 있어. 사진은 화성 중심부를 가로지르는 마리너 계곡의 모습이야. 지질학자들은 이 계곡을 화성에 물이 흘렀다는 증거로 보고 있어.

유기물 비료를 섞은 다음 식물을 길러 보았어. 결과는 대성공! 당근, 양파, 마늘, 상추, 고구마 등을 수확할 수 있었지. 영화 <마션>의 와트니는 아무 것도 없는 화성에서 가장 쉽게 구할 수 있는 유기물인 자신의 대소변을 쓴 거야.

그렇다면 과학자들은 단순히 영화 속에서의 일이 실제로 일어나는지 호기심이 생겨서 이런 연구를 했을까? 그렇지 않아. 여기에는 중요한 이 유가 있어.

앞으로는 우주 탐사의 시대를 넘어 '우주 개발의 시대'가 될 거야. 달과 마찬가지로 화성에도 사람을 보내 직접 탐사하고, 더 나아가 사람이 살 수 있는 곳으로 만들자는 움직임도 일어나고 있지. 앞으로는 더 먼 곳을 탐사하고 머무를 수도 있어. 이런 일들을 하려면 사람들이 우주에 오랜 시간 머물러야 해. 그때 가장 필요한 것이 바로 식량이지.

그런데 지구에서 식량을 보내 주려면 시간과 비용이 아주 많이 들고, 출발부터 도착까지 닥칠지 모르는 위험을 감수해야 해. 또한 오늘날 우주 비행사들이 먹는 우주 식량은 튜브형 음식이나 냉동 건조식품인데, 열을 가하고 얼리는 과정에서 아무래도 파괴되는 영양분이 있기 때문에 장기간 먹기에는 무리가 있을 수 있어.

그래서 미래를 보았을 때 우주에서 일하고 살아갈 사람들이 먹을 식량을 우주에서 직접 기르는 것이 반드시 필요해. 화성에서 식물 기르기는 이렇게 중요한 일의 시작이란다.

두 번째 풍경

인류를 먹여 살린 흙

최초의 인류는 짐승을 사냥하거나 나무나 풀에서 열매를 따서 먹었어. 짐승과 열매가 없어지면 다른 곳으로 옮겨 다녔지. 그 후 기름진 땅에서 작물을 기르기 시작했고. 이때부터 사람들은 한곳에 정착해 살게 되었어. 그리고 문명을 이룩했단다.

기름진 땅에서 생겨난 문명

지금으로부터 약 300만 년 전, 최초의 인류가 나타났어. 이들은 두 발로 서서 걸어 다녔고, 이로 인해 두 손이 자유로워지면서 돌멩이나 나무 막대기 등을 사용하게 되었지. 시간이 지나 인류는 불을 다루게 되었고, 더 정교한 도구를 만들었어. 당시 사람들은 돌아다니면서 짐승을 사냥하고, 물고기를 잡고, 풀과 나무에 달린 열매를 따서 먹고살았지.

그런데 인류에게 큰 위기가 닥쳤어. 지구의 기온이 아주 많이 낮아져 빙하가 발달하는 시기인 빙하기가 몇 번에 걸쳐 지구를 덮쳤거든. 빙하기를 거치면서 따뜻하고 습기가 많던 기후는 춥고 건조한 기후로 바뀌었지. 사람들의 먹이가 되어 왔던 동물과 식물은 바뀐 기후에 적응하지 못해 그 수가 급격히 줄어 갔어.

사람들은 새로운 먹을거리를 찾아야 했어. 게다가 빙하기가 끝나 가면서 기온이 올라가자 사람들의 수가 많아져 먹을거리가 더 많이 필요하게 되었지. 결국 사람들은 빙하기를 겪고도 살아남은 야생 밀과 야생 보리 등의 식물을 기르기 시작했단다. 바로 농사를 짓기 시작한 거야. 농사를 지으면서 사람들은 한곳에 모여 살기 시작했지. 돼지, 양, 소 등도 기르기 시작했어.

사람들은 농사가 더 잘될 만한 곳을 찾았어. 농사가 잘되려면 양분이 풍부한 흙이 있어야 하지. 그래서 사람들은 큰 강가에 자리를 잡았단다. 큰 강가에는 물이 풍부할 뿐만 아니라, 상류에서 흘러내려 온 고운 흙이 하류에 쌓여 기름진 땅이 만들어지기 때문이야. 사람들은 작물을 더 많이 생산했고, 이제 식량은 사람들이 다 먹고도 남아돌기 시작했어.

사람들은 남아도는 식량을 어떻게 관리하고 보관할지, 그리고 어떻게 나누어 가질지 생각하기 시작했어. 그리고 이런 일을 맡아서 하는 사람들이 등장했지. 이들은 남아도는 식량을 관리하고 나누면서 나머지 사람들을 다스렸어. 사회의 지배 계급이 나타난 거야. 지배 계급이 식량을 좀 더 효과적으로 관리하고 나누기 위해 만든 것들 중 하나가 바로 '문자'야. 이제 사람들은 자신들이 발견하고 생각해 낸 것들을 후세에 남길 수 있게 되었지.

농사가 점점 더 잘되면서 사람들이 더 많이 모여들었어. 마을은 도시로 발전했고, 점차 국가의 모습을 갖추어 나갔지. 이런 과정을 거치면서 '문명'이 발생했단다.

흙을 일구다

농사를 짓기 전, 즉 짐승을 사냥하거나 열매를 따서 먹고살 때에는 돌을 깨뜨리거나 떼어 내어 만든 도구인 '뗀석기'를 써서 물건을 자르거나 다듬었어. 뗀석기에는 주먹 도끼, 긁개, 찍개 등이 있지.

시간이 지나 사람들은 기름진 흙이 가득 쌓인 땅에서 농사를 지으며 한곳에 머물러 살기 시작했어. 그러면서 농사를 짓는 데 필요한 여러 가지 도구들을 만들었어.

농사일의 시작은 작물의 씨를 심는 거야. 처음에 사람들은 땅에 구멍을 내고 씨를 심었지. 그런데 땅의 흙은 씨가 뿌리를 내리기에 너무 단단했어. 그래서 사람들은 고민을 거듭한 끝에, 아주 좋은 방법을 찾아냈어. 바로 땅을 가는 것이었지. 땅을 갈면 흙이 부드러워지거든. 그러면 작물의 뿌리가 흙에 잘 내릴 수 있고, 흙에 공기가 잘 통해서 땅에 사는 미생물이 더 잘 활동

할 수 있지. 게다가 작물이 자라는 데 필요한 물과 양분이 잘 스며들어. 작물의 양분을 빼앗아 가는 잡초들이 덜 올라오는 장점도 있단다.

처음 땅을 가는 데 쓰였던 도구들은 돌로 만들었어. 필요에 따라 돌을 원하는 모양으로 갈아 만들었다고 해서 '간석기'라고 하지. 이때 사람들은 돌괭이나 돌보습 등으로 땅을 파고 흙을 갈아 엎고, 뭉친 흙덩이를 잘게 부수어서 흙을 일구었어.

그런데 돌로 만든 도구들은 큰 단점이 있었어. 땅을 파다가 흙속에 있는 돌 같은 단단한 것과 부딪히면 깨져 버렸거든. 시간이

돌괭이(왼쪽)와 돌보습(오른쪽)이야. 땅을 파고, 흙을 일구는 데 사용했어.

35

흘러 새로운 재료가 나타났어. 바로 철이었지. 철은 돌이나 나무보다 가볍고, 튼튼하며, 굉장히 날카롭게 만들수 있었어.

사람들은 이제 철로 도구를 만들어 농사일을 하기 시작했어. 이때 땅을 가는 데 많이 쓰인 농사 도구가 바로 '쟁기'야. 사실 쟁기가 처음부터 철로 만들어진 것은 아니야. 맨 처음 만들어진 쟁기는 끌기 좋게 만들어진 나무 틀에 땅을 파는 나무 막대를 붙인 형태였지. 땅을 파는 부분을 철로 만들기 시작하면서 사람들은 본격적으로 농사일에 쟁기를 사용했단다.

하지만 도구가 발달해도 땅을 가는 일은 아주 힘들었어. 그래서 사람들은 사람보다 힘센 가축에게 쟁기를 끌게 했지. 처음에는 소가 쟁기를 끌었고, 나중에는 말과 노새가 쟁기를 끌기도 했어. 이제 사람들은 힘을 덜 들이고 흙을 일구게 되었고, 작물은 더 잘 자라게 되었지.

흙에서 수확하다

농사일의 시작이 흙을 일구고 씨를 심는 일이라면, 농사일의 끝은 흙에서 기른 작물을 수확하는 일이라고 할 수 있어. 작물을 수확하는 데 쓰였던 최초의 도구는 '반달 돌칼'이야. 말 그대로 '반달 모양을 한 돌로 만든 칼'이라는 뜻이지.

1. 가운데 뚫린 두 개의 구멍에 줄을 끼운다.

2. 줄을 손에 걸고 반달 돌칼을 쥔다.

3. 손목을 꺾으면서 벼 이삭을 벤다.

"반달 돌칼은 어떻게 써요?"

이런 궁금증이 생길 거야. 방법을 알아볼까? 먼저 가운데에 뚫린 두 개의 구멍에 줄을 끼워. 그 줄을 손에 걸고 반달 돌칼을 쥐어. 그리고 손목을 꺾으면서 이삭을 베면 되지. 반달 돌칼은 이삭을 베기도 하고, 베어 낸 이삭에서 낟알을 훑어 낼 때에도 썼다고 해.

직물을 수확하는 또 다른 도구는 '돌낫'이야. 단단한 돌을 길게 갈아서 만든 날에 나무 자루를 끼워서 만들었어. 오늘날 쓰는 낫과 비슷하게 생겼지. 그러다가 철이 등장하면서 쇠낫 등이 만들어졌고, 이 쇠낫을 사용해 훨씬 더 빠르고 수월하게 작물을 수확하게 되었어.

수확한 작물은 낟알이 여러 개 달린 이삭의 형태를 띠고 있었어. 이삭에서 낟알을 떨궈 내야 빵을 만들거나 밥을 지을 수 있었지. 사람들은 이삭에서 낟알을 떨구려고 여러 가지 도구를 썼어. '도리깨'는 긴 나무 자루 끝에 짧은 나뭇가지 여러 개를 끈으로 묶어 달아 둔 도구야. 수확한 이삭을 도리깨로 두드리면 그 힘으로 이삭에서 낟알이 떨어지고, 낟알의 껍질도 벗겨졌지.

'훑이'는 나무판자를 머리 빗는 빗처럼 깎은 도구야. 빗살 사이사이에 이삭을 끼운 다음, 쭉 잡아당겨서 낟알을 훑어 냈지.

흙의 힘을 높여라

농사를 처음 짓기 시작할 무렵에는 '화전'이 발달했어. 숲에 있는 나무와 풀을 불태우고, 그 자리에 작물을 심어 가꾸는 방법이지. 나무와 풀을 태우고 나면 재가 생기는데, 그 재가 흙에 모자란 영양분을 보충해 주어서 작물이 잘 자랐어.

사람들은 해마다 같은 땅에 같은 작물을 심었어. 그러면 작물이 흙에 있는 영양분 중에 자기가 필요한 영양분만을 계속 빨아들이게 돼. 그러다가 흙이 자연적으로 만드는 영양분과 나무와 풀의 재에서 보충한 영양분보다 더 많이 빨아들여 쓰게 되면 흙이 해당 영양분을 잃어 작물의 수확량이 점점 줄어들고 말아.

게다가 세균이나 해충, 그 작물의 영양분을 빼앗는 잡초의 씨나 뿌리가 겨우내 흙 속에서 살아남아 있다가, 해가 지나 작물을 또 심으면 다시 활동하면서 더욱 큰 해를 주게 돼. 한마디로 농사를 지을 수 없게 되는 거야. 그러면 사람들은 힘들게 일구어 놓은 밭을 버리고 또 다른 곳을 찾아 다시 화전을 만들어야만 했단다.

사람들은 이런 문제를 극복할 방법이 없을까 궁리했어. 그러다가 탄생한 방법이 '돌려짓기'야. 같은 땅에 여러 가지의 다른 농작물을 일정한 순서에 따라 번갈아 재배하는 방법이지. 예를 들어 올해는 보리를 심고, 내년에는 콩을 심고, 후년에는 고추를 심는 거야. 농작물마다 흙에서 빨아들이는 영양분이 다르기 때문에 흙 속 영양분의 균형을 맞출 수 있어. 작물에 피해를 주는 세균, 해충, 잡초도 다 다르기 때문에 특정 세균이 해가 지나 다시 활동하는 것을 막고, 잡초도 다시 자라지 않게 할 수 있지.

돌려짓기는 시대가 지나면서 여러 방식으로 발전해 왔어. 밭을 둘로도 나누고, 셋으로도 나누어 작물을 골고루 길렀지. 사람들은 돌려짓기를 통해 사람이 먹는 농작물과 가축의 먹이가 되는 사료 작물을 함께 기르면서 흙의 영양분을 보존할 수 있게 되었단다.

흙에 영양분을 주다

사람들은 흙에 더 많은 영양분을 보충하는 방법을 연구했어. 그래서 흙에 각종 유기물을 섞어 주거나 작물이 자라는 데 필요한 광물을 묻어 주기 시작했지. 이것들을 그대로 주면 '거름'이라고 하고, 발효시켜서 완전히 썩힌 다음에 주면 '퇴비'라고 해. 거름은 주고 난 뒤 썩어서 흙과 섞일 때까지 기다렸다가 작물을 심고, 퇴비는 주고 나서 바로 작물을 심지.

거름이나 퇴비의 재료로는 가축 우리에 깔았던 짚이나 가축 등의 배설물, 풀이나 재, 부드러운 나뭇가지, 동물의 털이나 내장, 쓰레기 등 썩는 것이라면 뭐든지 이용했어. 어촌에서는 남아도는 물고기나 생선 내장도 이용했지. 사람의 대소변도 좋은 재료가 되었단다. 그래서 우리나라에는 1950년대까지도 화장실에서 대소변을 퍼 가는 일을 전문적으로 하는 사람이 있을 정도였다고 해.

지금은 이라크 땅인 메소포타미아 계곡에서 점토판이 하나 발견되었어. 그 점토판은 기원전 2350년경에 만들어진 것이었는데, 농사를 짓기 위해 퇴비를 어떻게 만들어야 하는지 쓰여 있었지. 《성경》에도 흙의 힘을 높이기 위해 동물의 피를 사용하는 대목이 나와. 오늘날까지 남아 있는 가장 오래된 라틴어 책인 대 카토의 《농업에 관하여》에도 동물의 배설물을 밭에 준다고 쓰여 있어. 고대 이집트에서는 벌레로 퇴비를 만들었다고 해. 유명한 파라오 중 한 명인 클레오파트라는 퇴비를 만들어 주는 벌레를 신성시할 정도였다고 하지.

이렇게 흙에 거름이나 퇴비를 준 이후로 사람들은 돌려짓기를 하지 않고도 땅에서 계속적으로 작물을 재배할 수 있게 되었어. 밭은 점점 규모가 커졌고, 대규모 농장으로 발달했단다. 대규모 농장에서는 점점 더 많은 양의 작물을 재배했고, 거름이나 퇴비도 더 많이 필요하게 되었지.

19세기 초에 독일의 지리학자인 알렉산더 폰 훔볼트는 남아메

리카 대륙을 탐험하다가, 남아메리카 사람들이 구아노를 거름으로 준다는 사실을 알게 되었어. '구아노'란 건조한 해안 지방에 사는 바닷새의 배설물이 수천 년 동안 쌓여서 굳어진 것을 말해. 구아노에는 작물이 자라는 데 꼭 필요한 성분인 질소와 인이 보통의 거름보다 훨씬 많이 들어 있었어. 이를 알게 된 미국과 유럽의 여러 나라들은 앞다투어 구아노를 수입하기 시작했어. 여기서 그치지 않고 구아노가 많은 땅을 식민지로 삼고, 많은 사람들을 구아노를 캐는 노예로 부렸지.

구아노는 전쟁의 원인이 되기도 했어. 남아메리카 칠레의 아타카마 사막에 있는 구아노를 차지하려고 페루, 볼리비아, 칠레가 전쟁을 일으켰거든. 사람들이 흙에 영양분을 주는 일을 얼마나 중요하게 여겼는지 알 수 있겠지?

흙 위에서 기계가 움직이다

농사 도구와 기술이 발달되어 왔지만, 농사는 여전히 일손이 많이 들고 힘든 일이었어. 사람들은 어떻게 하면 농사일을 좀 더 능률적으로 할 수 있을지 궁리했어. 그래서 여러 가지 기계 장치를 만들었단다.

1700년대 초반, 영국 농부 제스로 툴은 나무 드릴과 깔대기 모양의 그릇을 결합해서 흙에 적절한 깊이의 홈을 파고, 그 위에 씨가 같은 간격으로 떨어지는 '파종기'를 만들었어. 그리고 나무 드릴을 여러 개 연결하여 말이 끌도록 했지. 이로써 씨를 뿌리는 과정에서 버려지는 씨의 양을 줄이고, 사람이 직접 씨를 뿌리는 것보다 8배나 많이 작물을 생산할 수 있게 되었어.

1784년에는 스코틀랜드의 발명가인 앤드류 메이클이 곡식 이삭을 두드려 낟알을 떨어뜨리는 기계인 '탈곡기'를 만들었어. 그 결과 사람들이 도리깨를 이용해 낟알을 떨어내는 것보다 힘은 덜 들이면서 더 많은 낟알을 얻어 낼 수 있게 되었지.

1800년대에 들어와 농업을 급속도로 발전시킨 기계는 작물을 베는 기계인 '수확기'야. 1834년에 미국의 농부이자 발명가인 사이러스 매코믹이 만들었지. 말이 수확기를 끌고 가면, 줄지어 달린 칼날이 자동으로 작물을 잘랐어.

그런데 이 수확기에는 불편한 점이 있었어. 여전히 사람이 기계를 따라다니면서 베어 낸 작물을 다발로 묶어서 거두어들여야 한다는 점이었지. 1834년에 미국의 하이럼 무어가 이를 개선해서 작물을 베는 일부터 이삭에서 낟알을 떨어뜨리는 일까지 한 번에 하는 기계인 '콤바인 수확기'를 만들었어. 초기의 콤바인 수확기는 많이 무거워서 말 16마리가 끌어야 했지만, 여러 명의 사람들이 오랜 시간 동안 해야 할 일을 한 번에 끝낼 수 있었기 때문에 일을 더 효율적으로 할 수 있었단다.

1800년대 중반에는 석탄을 때서 물을 끓인 수증기의 힘을 이용해서 일을 하는 장치인 '증기 기관'이 산업에 쓰이기 시작했어.

프랑스 밭에서 곡물 수확 중인 콤바인이야. 콤바인의 발명으로 농사일을 더 효율적으로 할 수 있게 되었지.

사람들은 증기 기관으로 움직이는 여러 가지 기계를 만들었어. 이제 물건을 사람이 직접 만들지 않고, 기계가 만들게 되었지. 이러한 변화를 '산업 혁명'이라고 해.

  산업 혁명은 농사에도 일대 혁명을 가져왔어. 앞에서 이야기 했던 파종기, 수확기, 탈곡기, 콤바인 등의 기계는 소나 말의 힘을 이용했는데, 이제 증기 기관의 힘을 이용하게 된 거지. 이제 흙 위에는 소와 말 대신 기계가 다니게 되었어. 그리고 흙을 일구는 일부터 흙에서 곡식을 거두어들이는 일까지 더 빠른 시간에 할 수 있게 되었단다.

이것도 흙이라고?

흙에 소금이 쌓인다고?

농사를 지을 때 기름진 흙과 더불어 꼭 필요한 것이 물이야. 사람들은 홍수나 가뭄에 대비하고 일정한 양의 물을 흙에 대기 위해 많은 노력을 했어. 홍수에 대비해 둑을 쌓아 큰 저수지를 만들어 넘치는 강물을 가두고, 물길을 만들어 가뭄이 들었을 때 저수지의 물을 마른 땅에 주었지. 이렇게 인공적으로 물을 관리하는 시설을 만들어 물을 주는 농사 방식을 '관개 농업'이라고 해.

그런데 건조한 지역에서 관개 농업을 지나치게 하면 흙에 소금이 쌓일 수 있다는 것을 알고 있니?

"흙에 물을 주는데 왜 소금이 쌓여요?"

이렇게 의아해하는 친구들도 있겠지? 흙에 주는 물은 빗물, 강물, 지하수 등인데, 이 물에는 여러 성분이 녹아 있어. 이 중에는 소금 성분도 있지. 흙에 물을 주면 햇빛, 바람 등에 의해 물이 증발하면서 물속에 있던 소금 성분이 흙에 남게 돼. 건조한 지역은 이 현상이 더 활발하게 일어나지. 흙 속에 있는 소금 성분은 흙에 심은 작물이 물이나 양분을 빨아들이는 것을 방해하기 때문에, 작물은 죽어 버리고, 이런 흙에서는 농사를 지을 수 없게 되고 만단다.

오늘날 잘 알려진 고대 문명 중에 메소포타미아 문명이 있어. 서남아시아의 티그리스강과 유프라테스강 유역에서 발생했지. 이 문명에서 가장 먼저 농사를 시작했고, 티그리스강과 유프라테스강의 물을 가두어 흙에 물을 공급하는 관개 농업을 인류 최초로 발달시켰어. 그런데 관개 농업에 쓰인 물에 있던 소금 성분이 수백 년 동안 빠져나가지 못한 채 흙 속에 쌓

였고, 결국 흙은 작물을 생산할 수 없을 정도로 척박해지고 말았지. 이 문제가 메소포타미아 문명이 쇠퇴하고 결국 멸망하게 된 원인 가운데 하나였어.

반면 고대 문명 중 아프리카 나일강 유역에 발달한 이집트 문명은 메소포타미아 문명에 비해 흙에 소금이 쌓이는 문제를 거의 겪지 않았어. 우선 나일강의 물에는 소금기가 거의 없었어. 그리고 나일강은 해마다 9월에 규칙적으로 홍수가 일어났는데, 이때 기름진 흙이 새로 쌓이고 원래 흙에 있던 소금 성분이 물에 쓸려 갔지. 그래서 메소포타미아 문명보다 더 오랜

나일강에 세워진 아스완 하이 댐이야. 댐의 건설로 흙에 쌓인 소금 성분이 빠져나가지 못해 작물의 생산량이 줄어드는 문제가 생겨났어.

기간 동안 기름진 땅에서 나오는 작물을 바탕으로 발전할 수 있었어.

흙에 소금이 쌓이는 문제는 오늘날에도 벌어지고 있어. 1971년 나일강에 아스완 하이 댐이 세워져 강물을 막으면서 홍수가 일어나지 않게 되었어. 따라서 기름진 흙이 새로 쌓이지 않고, 원래 흙에 있는 소금 성분이 빠져나갈 수 없게 되었지. 그래서 이곳의 작물 생산량이 줄어들고 있단다.

세 번째 풍경

산업을 발달시킨 흙

　인류는 한곳에 머물러 살면서부터 흙을 이용해 집을 짓고, 그릇을 비롯한 여러 가지 생활 도구를 만들기 시작했어. 흙을 이용하는 기술이 발달하면서 흙은 산업 발달의 중요한 재료가 되었고, 흙은 여러 형태로 도시를 뒤덮게 되었지.

흙으로 집을 짓다

농사를 짓기 전, 즉 짐승을 사냥하거나 열매를 따서 먹고살 때 사람들은 주로 동굴에서 살았어. 먹을거리를 찾아 옮겨 다니며 살았기 때문에 집을 지을 필요가 없었거든. 그러다가 농사를 짓고 한곳에 정착하면서 집을 짓기 시작했지. 이때의 집은 바닥의 흙을 단단히 다지고 나무로 기둥을 세운 다음 짚이나 풀 등을 덮은 '움집'이야.

흙은 주위에서 아주 흔하게 구할 수 있을 뿐만 아니라 썩지 않고 단단해. 또한 공기가 잘 통하면서도 태양열을 흡수하여 저장하는 능력이 있어서 집 안의 온도를 일정하게 유지해 주기 때문에 집 짓는 데 좋은 재료였지.

시간이 지나면서 사람들은 흙을 이용하여 집을 짓는 방법을 더 발전시켜 나갔어. 어떤 곳에서는 흙벽돌을 사용했어. 초기에는 진흙, 모래, 쌀겨나 지푸라기 등에 물을 섞은 다음, 틀에 넣어 일정한 형태를 만들고 햇볕에 바짝 말렸지. 현재까지 가장 오래된 말린 벽돌은 기원전 9000년, 오늘날 팔레스타인 지역에 있는 여리고에서 쓰인 것이야. 현재까지도 사막 기후 등 건조한 곳에 사는 사람들은 말린 벽돌을 만들어 쓰고 있어.

그런데 말린 벽돌은 치명적인 단점이 있었어. 비가 많이 오면 물을 먹어서 부스러지거든. 사람들은 말린 벽돌보다 더 단단한 벽돌을 만들 수 없을까 고민했어. 불을 다루는 기술이 점점 발달하면서 사람들은 벽돌을 센불에 구워서 사용하게 되었지. 구운 벽돌은 말린 벽돌보다 훨씬 더 단단해서 비가 오나 눈이 오나 바람이 부나 잘 버티는 집을 만들 수 있었단다.

또 어떤 곳에서는 나뭇가지 등을 엮어 집의 기둥과 기둥 사이에 뼈대를 만들고, 진흙을 지푸라기나 억새 등과 함께 개어서 두껍게 발라 집을 만들었어. 이 방법은 최소 6000년 전으로 거슬러 올라가지. 우리나라에서는 삼국 시대부터 이런 식으로 집을 지었어. 지붕에 얹는 재료에 따라 이름이 달랐는데, 지붕에 볏짚을 엮어서 얹으면 '초가집', 흙을 구워서 만든 기와를 올리면 '기와집'이라고 했어.

이렇게 사람들은 땅을 덮고 있던 흙을 다양한 방식으로 이용

해 무언가를 만들기 시작했어. 이제 흙은 땅에서 벗어나 사람들을 둘러싸면서, 주위 환경으로부터 사람들을 지켜 주게 되었지.

흙과 바다 생물이 만나면, 시멘트와 콘크리트

벽돌을 쌓는 과정을 본 적 있니? 그렇다면 벽돌을 쌓을 때 벽돌과 벽돌 사이에 무언가를 바르는 것을 본 적이 있을 거야. 그게 바로 '시멘트'야. 시멘트는 넓은 뜻으로는 물질과 물질을 붙이는 재료를 뜻하지만, 보통은 건물을 지을 때 쓰이는 접합제를 말하지.

그런데 만일 바다가 없다면 시멘트도 없을 거라는 사실, 알고 있니? 시멘트의 주된 재료는 석회석인데, 바다에 사는 조개나 산호 등이 죽어서 흙에 묻힌 후 높은 압력과 열을 받아서 만들어졌거든.

시멘트는 7000년 전부터 사용되기 시작했어. 고대 이집트에서는 피라미드를 지을 때 시멘트를 썼는데, 석회석을 태워 만든 물질인 석회로 시멘트를 만들어서 벽돌과 벽돌 사이에 발랐지. 로마 제국에서는 석회에 화산재를 섞어 태워서 시멘트를 만들었어. 벽돌을 쌓아 올려서 벽을 두 겹으로 하고, 그 사이에 시멘트를 넣어 굳혔지.

시멘트는 다양한 재료로 만들어져 왔어. 그러다가 1824년에 영국의 벽돌공인 조셉 에스프딘이 석회에 찰흙과 물을 섞어 말려 높은 온도에서 구운 다음, 거기서 나온 덩어리를 부수어 가루로 만들었지. 그랬더니 품질이 아주 우수한 시멘트가 된 거야. 이 시멘트는 겉모양과 색이 영국 포틀랜드 지방의 돌과 비슷하다고 해서 '포틀랜드 시멘트'라는 이름이 붙었어. 지금까지도 대부분의 시멘트가 이 포틀랜드 시멘트란다.

시멘트는 벽돌과 벽돌을 붙일 때에도 쓰이지만, 더 중요한 용도는 따로 있어. 바로 '콘크리트'의 재료가 되는 거야. 콘크리트는 시멘트에 모래와 자갈 등을 적당히 섞고 물을 넣어 반죽한 것을 말해. 콘크리트는 단단하고 만드는 방법이 간단해서 오래전부터 집 짓는 재료로 널리 쓰였지.

콘크리트가 건물을 짓는 데 본격적으로 사용된 것은 로마 제국 때부터라고 알려져 있어. 126년에 지어진 판테온 신전의 둥근 지붕도 4,535톤의 콘크리트로 이루어져 있지. 이때는 석회와 화산재에 바닷물, 화산암 등을 섞어서 콘크리트를 만들었단다.

시간이 지나 포틀랜드 시멘트가 만들어진 다음부터는 이를 이용한 콘크리트가 널리 쓰이기 시작했어.

산업이 발달하면서 사람들이 도시에 많이 모여들었어. 도시는 사회적, 경제적, 정치적 활동의 중심이 되는 곳이야. 사람들이 많이 모여 살다 보니 점점 경제, 행정, 교통, 문화 시설 등이 발달했어. 그리고 이렇게 편리하고 다양한 시설들 때문에 더욱 많은 사람들이 도시로 모여들었지.

사람들이 늘어남에 따라 도시에는 더 많은 집이 필요해졌어. 한정된 땅에 더 많은 사람들이 살려면 높은 건물이 필요했지. 하지만 콘크리트는 밖에서 잡아당기는 힘에 약하고, 유연성이 떨어진다는 단점이 있었어. 그래서 높은 건물을 짓는 데에는 적합하지 않았어.

이 단점을 확실히 보완할 방법을 찾은 것은 1870년대부터야. 건물을 지을 때 강철이 쓰이기 시작했거든. 강철로 철근을 만들어 뼈대를 세우고, 거기에 콘크리트를 부었지. 이 방법으로 안팎으로 버티는 힘이 강한 벽을 세울 수 있게 되었어. 그 덕분에 지금처럼 크고 높은 집을 지을 수 있게 되었고, 다리나 댐과 같은 아주 큰 건축물도 지을 수 있게 되었지.

홍콩 항구에서 바라본 도시의 모습이야. 콘크리트 덕분에 도시에는 높은 건물이 빽빽이 들어
설 수 있었어.

　　오늘날 콘크리트는 집 짓는 데 가장 많이 쓰이는 재료가 되었
어. 우리나라에서도 대부분의 사람들이 사는 집이 콘크리트로
만들어졌을 정도야. 도시는 높은 건물이 빽빽이 들어서 숲을 이
루는 곳이 되었어. 이제 흙은 아주 높은 곳까지 덮을 수 있게 되
었단다.

흙으로 그릇을 만들다

사람들은 한곳에 머물러 농사를 짓게 되면서 먹을 수 있는 양보다 더 많은 곡식을 거두어들이기 시작했어. 그러자 곡식을 보관할 도구가 필요해졌지. 처음에는 구덩이를 파고 보관하기도 했고, 가죽 주머니나 풀로 만든 바구니 등에 담아 보관하기도 했어. 그러다가 점차 흙에 물을 섞어서 빚은 다음 햇볕에 말려서 만든 그릇을 쓰게 되었지.

그런데 이 흙그릇은 큰 단점이 있었어. 바로 물에 닿으면 풀어져 버린다는 점이었지. 그러다가 사람들은 강가에서 불을 피우면 그 자리에 있던 진흙이 단단하게 굳어지는 것을 발견했어. 그 뒤로 진흙을 오목하게 빚어 불에 구워 사용하게 되었지. 이것이 최초의 토기란다.

토기는 시대와 지역에 따라 여러 방식으로 발달했어. 신석기 시대에 사용하던 토기는 '빗살무늬 토기'야. 토기 표면의 무늬가 마치 빗으로 긁어 놓은 것처럼 생겨서 이런 이름을 붙였지. 빗살무늬 토기는 고깔 모양으로 밑바닥이 둥글면서 뾰족해. 이 토기를 만든 사람들이 강가에 많이 살았기 때문에 모래밭에 꽂아 세우기 좋게 바닥을 뾰족하게 만든 거라고도 하고, 여러 개를 포개어 운반하기 쉽도록 만든 거라고도 하지.

청동기 시대에는 '민무늬 토기'가 등장했어. 표면에 무늬가 없는 토기라는 뜻이지. 하지만 이름과는 달리 그릇 중간이나 윗부분에 부분적으로 무늬가 있는 것도 많아. 민무늬 토기는 단단한 바닥에 세우기 쉽도록 밑바닥이 평평한 것이 특징이야.

토기는 인류의 식생활을 혁신적으로 바꾼 발명품으로 평가받고 있어.

"흙으로 그릇을 만들었을 뿐인데, 그렇게 큰 의미가 있나요?"

이렇게 생각하는 친구들도 있을 거야. 토기를 쓰기 전에는 사

빗살무늬 토기(왼쪽)와 민무늬 토기(오른쪽)야. 토기는 인류의 식생활을 바꾼 발명품으로 평가받고 있어.

냥, 채집, 농사 등으로 얻은 음식물을 먹는 방식이 단순했어. 날것으로 먹거나 구워 먹는 방법밖에 없었지.

그런데 물에 넣어도 풀어지지 않고 불에 타거나 갈라지지 않는 토기를 쓰게 되면서 음식물도 물과 함께 조리하는 방식, 즉 삶거나 찌는 것이 가능해졌어. 그래서 날것으로 먹을 수 없거나 구울 수 없는 음식물도 먹을 수 있게 되었지. 또한 거두어들인 곡식을 한꺼번에 익혀 먹을 수도 있었어. 따라서 더 많은 동식물을 먹을 수 있게 되었고, 같은 음식물이라도 다양한 방법으로 먹을 수 있게 되었단다.

고기를 예로 들어 보면, 토기가 만들어지기 전에는 날고기로 먹거나 불에 구워 먹었지. 그러다가 토기가 만들어지면서 고깃국이나 갈비찜 같은 것도 먹을 수 있게 된 거야. 어때, 토기의 역할이 대단하지? 토기는 우리가 다양한 음식을 먹을 수 있도록 해 준 고마운 도구야.

흙과 불의 마술, 도자기

토기는 불에 구워서 만들었다고 했지? 토기를 굽는 시설을 '가마'라고 해. 처음에는 구덩이를 파고 모닥불을 피우는 '한뎃가마'에서 토기를 구웠어. 그때의 온도는 700~900℃로 비교적 낮았지. 햇볕에 말린 토기보다는 단단했지만, 굽는 동안 물이 증발하면서 작은 구멍이 생겼고, 그 구멍을 통해서 물이 잘 흡수되었어. 그래서 오랜 시간 물을 담고 있으면 젖어서 풀어지고 말았지. 굽기 전의 토기보다는 덜했지만 긁히고 깨지고 갈라지는 문제도 여전히 생겨났단다.

사람들은 이런 토기의 단점을 보완하려고 많은 궁리를 했어. 시간이 지나면서 사람들은 점점 불을 잘 다룰 수 있게 되었어. 그래서 더 높은 온도의 센불을 만들어 낼 수 있게 되었지. 사람들은 구덩이의 위를 흙으로 덮어서 토기를 굽는 공간을 밀폐시킨 '밀폐 가마'를 만들었어. 이 밀폐 가마를 통해 1,000℃ 이상의 높은 온도로 토기를 구울 수 있게 되었단다.

불을 다루는 기술은 점점 더 발전했고, 가마의 형태나 토기를 굽는 기술도 발전을 거듭했어. 그에 따라 흙으로 만든 그릇도 다

양하게 발전했지. 진흙으로 빚어 볕에 말리거나 약간 구운 다음 표면을 단단하게 하고 윤기를 내는 유약을 입혀 1,100~1,250℃로 다시 구워 낸 도기, 진흙으로 빚은 다음 미리 볕에 말리거나 굽지 않고 유약을 입혀 1,200~1,300℃로 단번에 구워 낸 석기, 고령토라는 입자가 고운 찰흙으로 빚어 한 번 구운 다음 유약을 입혀 다시 1,300~1,500℃로 구워 낸 자기로 발전한 거야. 이렇게 흙을 빚어 높은 온도에서 구워 낸 토기, 도기, 석기, 자기를 통틀어 '도자기'라고 해.

그러면 여기서 의문을 가지는 친구들이 있을 거야.

"도자기를 더 높은 온도에서 굽는 이유가 뭔가요?"

거기에는 중요한 이유가 있어. 도자기를 높은 온도에서 구울 때 원래 흙이 가진 성질이 바뀌고 새로운 성질을 가지게 되거든. 높은 온도에서 도자기를 구우면 흙 속에 있는 철, 장석, 석영과 같은 광물까지 녹아. 그리고 이 광물이 식으면서 새로운 결정이 만들어지지. 이때 도자기 표면의 구멍 크기도 줄어들고, 더 단단해지는 거야.

도자기를 높은 온도에서 구우면 또 한 가지가 변하는데, 바로 색깔이야. 어떤 성분의 흙으로 도자기를 빚고 표면에 어떤 성분의 유약을 바르는지에 따라 구울 때 온도에 따라 색이 바뀌거든. 토기의 붉은색, 옹기의 갈색, 고려청자의 비색, 조선백자의 흰색도 바로 불과 흙이 만나서 탄생했단다.

흙이 불을 만나 성질도 색깔도 완전히 바뀌는 마법, 그것이 도자기야. 그 마법 덕분에 사람들은 음식물과 물 등을 더럽지 않은 상태로 먹고 마실 수 있게 되었지. 그렇게 흙은 형태를 또 바꾸어 사람들의 생활에 스며들었어.

모래가 투명해진다, 유리

투명한 흙이 있다면 어떨까?

"에이, 그런 게 어디 있어요?"

많은 친구들이 고개를 절레절레 흔들며 이렇게 말할 거야. 하지만 이 투명한 흙은 창문에 끼워져 있고, 우리가 시원하게 마시는 음료수를 담고 있어. 맞아, 바로 '유리' 이야기야.

유리는 지름 0.05~2mm의 흙인 모래에 탄산 나트륨, 탄산 칼슘을 섞어 뜨겁게 해서 녹인 다음 아주 빨리 식혀서 만들어. 식히는 과정에서 돌리거나 공기를 불어 넣거나 누르거나 해서 다양한 모양으로 만들 수 있고, 다른 물질을 넣어서 색이나 성질을 바꿀 수도 있지.

유리는 기원전 3000년경에 서남아시아의 티그리스강과 유프라테스강 사이에 있는 메소포타미아 지역에서 처음 쓰인 것으로 전해져. 이집트에서도 기원전 5세기경부터 유리가 본격적으로 만들어지기 시작했어. 이후 유리는 로마 제국을 거쳐 유럽으로 전파되었어. 기원전 1세기에 녹인 유리에 공기를 불어 넣어 모양을 만드는 기법이 개발되면서 유리 가공 기술이 급속하게 발전했고, 15세기 이후에는 유리가 대량으로 만들어졌단다.

그러던 중 1440년경에 독일의 요하네스 구텐베르크가 서양 최초로 금속 활자를 만들었어. 이로 인해 책을 대량으로 인쇄할 수 있게 되었고, 사람들은 싼 값에 책을 사서 읽을 수 있게 되었어. 그러자 한 가지 문제가 나타났어. 바로 눈이 나빠진 거지. 그래서 발명된 것이 바로 유리 안경이야.

17세기에는 아주 먼 곳을 볼 수 있는 유리와 아주 작은 것을 볼 수 있는 유리가 만들어졌는데, 그것이 바로 망원경과 현미경이야. 유리 덕분에 사람들은 맨눈으로 보는 한계를 넘어설 수 있게 되었지.

나 자신의 모습을 볼 수 있게 해 주는 유리도 있어. 유리와 금속의 만남, 바로 거울이지. 거울이 처음부터 유리로 만들어진 것은 아니야. 최초의 거울은 물과 돌이었어. 잔잔한 물의 표면이나 반짝이는 돌에 자신의 모습을 비추어 본 거지. 그러다가 반짝이는 돌조각을 갈아서 거울을 만들었고, 시간이 지나면서 청동, 구리, 은 같은 금속의 표면을 반들반들하게 다듬어서 거울을 만들었어.

그런데 금속 거울이나 돌 거울은 큰 단점이 있었어. 시간이 지나면 색이 변하고, 광택이 없어졌거든. 그래서 자주 다듬어 주어야 했지. 사람들은 궁리를 거듭하다가 유리에 납, 금, 수은처럼 빛을 잘 반사하는 금속을 얇게 붙여서 유리 거울을 만들었단다. 유리는 표면이 매끄럽고, 잘 긁히지도 않고, 금속처럼 색이 변하는 일도 없는 아주 좋은 소재였지.

유리 거울은 유리를 만드는 기술과 유리에 금속을 얇게 덧바르는 기술이 발달하면서 값이 점점 저렴해졌고, 지금처럼 널리 쓰이게 되었어. 하루에도 몇 번씩 나를 비추어 주는 거울도 흙으로 만들어졌다는 사실, 정말 놀랍지?

이것도 흙이라고?

모래로 만든 산업의 쌀, 반도체

나는 지금 흙으로 글을 쓰고 있어. 매일 흙을 손에 쥐고 살고 있지. 흙으로 배우고, 흙으로 놀고, 흙으로 얘기해. 무슨 뚱딴지같은 말이냐고? 바로 흙이 들어 있는 컴퓨터와 스마트폰 이야기야. 컴퓨터가 우리 손에 들어올 정도로 가까워진 것은 컴퓨터의 두뇌를 만드는 재료인 규소 덕분이거든.

"컴퓨터에 흙이 들어 있다면서요? 규소는 또 뭐예요?"

이렇게 어리둥절해 하는 친구들이 있을 거야. '규소'는 모래와 돌에 들어 있는, 회백색을 띤 원소야. 규소는 지구 표면에 산소에 이어 두 번째로 많이 있는 물질인데, 지구 표면 전체 무게의 4분의 1을 차지하고 있단다.

규소는 컴퓨터에 없어서는 안 될 중요한 요소야. 그것은 바로 규소가 '반도체'이기 때문이지.

반도체란 무엇일까? 물체 중에 금속처럼 전기가 잘 통하는 것을 '도체', 유리나 플라스틱처럼 전기가 통하지 않는 것을 '부도체'라고 해. 그런데 물질 중에는 보통 때에는 부도체인데, 열이나 빛을 쬐면 도체가 되는 물질이 있어. 이런 물질을 '반도체'라고 해.

반도체에는 중요한 성질이 있어. 전기를 통하게 하는 조건을 사람이 만

1953년 미국 아르곤 국립 연구소에서 만든 컴퓨터야. 그 당시 컴퓨터는 지금과 다르게 진공관으로 만들어 크기가 컸어.

들 수 있다는 거야. 반도체에 쬐는 빛이나 열을 조절하거나 반도체에 아주 약간의 불순물을 넣거나 하면 쉽게 전기가 통하게 할 수 있지.

반도체가 쓰이기 전에도 컴퓨터는 있었어. 그 컴퓨터에는 '진공관'이라는 부품을 썼어. 속에 전기 회로를 넣고 공기를 완전히 뺀 유리관이지. 그런데 진공관은 크기가 컸어. 그래서 진공관으로 만든 컴퓨터는 집을 가득 채울 정도였지. 게다가 고장이 잘 나서 하루에도 몇 번씩 진공관을 갈아야 했단다.

그러다가 수십 년에 걸친 노력 끝에, 규소가 진공관을 대체할 수 있다는 것이 밝혀졌어. 규소는 반도체인데 녹는점이 1,410°C로 아주 높아서 열에 강하고, 아주 흔해서 값싸게 많이 만들 수 있었지. 1954년에 규소로 전기 부품을 만들기 시작했어. 그 후 여러 개의 전기 부품을 하나의 회로에 꼭꼭 채워 넣은 '집적 회로'가 만들어졌어. 우리가 흔히 말하는 반도체 칩이 바로 이 집적 회로야.

반도체 칩은 기술이 발달하면서 점점 더 작아졌고, 더불어 반도체 칩을 쓰는 텔레비전, 컴퓨터, 스마트폰 등도 점점 작아졌어. 집을 가득 채울 정도로 컸던 컴퓨터를 손에 들고 다닐 수 있게 된 거야. 컴퓨터는 모든 산업에서 없어서는 안 되는 요소가 되었지. 그래서 컴퓨터의 주요 부품인 반도체를 '산업의 쌀'이라고 해. 이 모든 것을 가능하게 한 것은 바로 흙이었어. 흙은 이제 지구상의 모든 산업을 작동시키는 자양분이 되었단다.

네 번째 풍경

죽어 가는 흙

　도시와 산업이 급속도로 발전하면서 많은 것들이 흙에 섞이기 시작했어. 흙은 오염되었고, 기후 변화로 인해 물을 잃고 황폐해졌지. 사람들은 뒤늦게 흙의 소중함을 깨닫고 흙을 원래대로 되돌리려고 노력하고 있단다.

영양분과 물을 모두 잃은 흙

'사막'은 비가 거의 내리지 않아 건조한 지역을 말해. 지구의 3분의 1을 차지하는 사막의 흙은 물이 거의 없고 모래가 많아서 영양분도 가지고 있지 못해. 그러니 사막에서는 사람이나 동식물이 살기 힘들겠지? 그런데 원래 사막이 아니었던 곳도 사막처럼 변하는 현상, 즉 '사막화'를 겪고 있어.

사막화의 원인 중 하나는 화전이야. 화전은 숲에 있는 나무와 풀을 불태우고, 그 자리에 작물을 심어 가꾸는 방법이라고 했지? 화전으로 숲이 사라지면 흙이 그대로 드러나고, 바람과 물이 흙을 깎아서 다른 곳으로 날려 버려. 게다가 작물이 흙의 영양분을 빨아들이기 때문에 흙은 영양분을 잃고 만단다.

사막화의 또 다른 원인은 가축을 무분별하게 놓아 기르는 거야. 소, 양, 염소 등의 가축은 엄청난 양의 풀을 뜯어 먹어. 땅을 파헤쳐 풀뿌리까지 싹 다 먹어 치우지. 땅에 뿌리를 박고 흙과 물을 움켜쥐고 있던 풀이 다 없어지면 흙은 메마르게 돼. 풀을 다 먹은 가축들이 다른 곳으로 옮겨 가면서 흙을 밟아 단단하게 만들기 때문에 풀이 자라지도 못해. 결국 흙은 바람에 날려가고, 사막화가 이루어져.

이렇게 흙이 물과 영양분을 잃어 척박해지고 급격한 기후 변화로 아주 오랜 기간 동안 가뭄까지 발생한 곳에서는 아주 큰 피해를 겪게 돼.

아프리카 사하라 사막 주위에는 폭이 약 300km에 이르는 사헬 지대가 있어. 이곳은 키가 작은 풀과 나무가 자라는 초원이야. 그런데 이곳에 가축과 사람들이 급격히 늘어나면서 사람들은 농사지을 땅을 마련하기 위해 나무를 베고 화전을 만들었어. 그리고 가축을 마구 놓아 길렀지. 그 결과 흙은 빠르게 물과 영양분을 잃었고, 사헬 지대는 아무것도 기를 수 없는 척박한 땅이 되었어. 거기에 오랜 가뭄까지 겹쳤지. 결국 1970년대 초와 1980년대 초에 수백만 명이 굶어 죽고 말았단다.

중국의 사막화도 심각해. 중국 네이멍구 자치구에 있는 쿠부치 사막은 중국에서 7번째, 세계에서 9번째로 큰 사막이야. 1950년대까지만 해도 초원 지대였지만, 사람들이 많이 살게 되면서 무분별하게 농사를 짓고 가축을 놓아 기르는 바람에 흙이 물과 영양분을 잃었지. 거기에 급격한 기후 변화로 인해 가뭄이 오래 계속되었어. 결국 쿠부치 사막은 아무도 살 수 없는 척박한 땅이 되다 못해 모래 폭풍이 휘몰아치는 곳이 되고 말았지. 이 모래 폭풍은 우리나라에서도 볼 수 있어. 바로 봄이면 공기를 나쁘게 만드는 황사야. 우리나라 황사의 약 40%가 쿠부치 사막에서 오고 있단다.

흙에게 축복인가 재앙인가, 화학 비료

도시가 발달하고 의학과 위생이 발달하면서 인구는 짧은 시간에 급격히 늘어났어. 농사를 지을 수 있는 땅은 한정되어 있는

데 말이야. 거름이나 퇴비를 주어 작물의 생산량을 늘리는 것만
으로는 감당할 수 없었지. 사람들은 어떻게 하면 작물을 더 많이
거둘 수 있을지 고민했어.

　1800년대에 독일의 화학자인 유스투스 폰 리비히는 이런 의
문을 품었어.

　'왜 어떤 땅에서는 식물이 잘 자라고, 어떤 땅에서는 잘 자라지
않을까?'

　리비히는 흙을 연구했고, 식물이 흙에서 빨아들이는 양분이
질소, 인산, 칼륨 등의 원소임을 알아냈어. 그래서
이 원소들을 만들어서 흙에 주면 되지

않을까 생각했지. 리비히는 그 성분 중 하나인 인산을 만든 뒤에 농작물을 심은 흙에 뿌려 보았어. 그러자 놀라운 일이 벌어졌어. 인산을 뿌린 흙에서 작물이 훨씬 크고 튼튼하게 자란 거야.

이 연구를 바탕으로 많은 화학자들이 노력한 결과, 거름이나 퇴비보다 더 짧은 시간에 공장에서 쉽게 만들 수 있고, 효과도 더 좋은 화학 비료를 만들어 냈어. 1843년에 영국의 존 로우스가 최초의 화학 비료인 과인산 석회를 만들었지. 그리고 1900년대 초에 독일의 화학자인 프리츠 하버와 카를 보슈가 식물에게 가장 중요한 질소를 비료로 만드는 데 성공했어.

화학 비료는 놀라운 발명품이었어. 화학 비료를 뿌린 흙에서 거두어들이는 작물의 양이 훨씬 많았지. 화학 비료는 물에 잘 녹아서 뿌리는 족족 식물의 뿌리로 잘 흡수되었어. 농도가 진해서 조금만 뿌려도 되고, 더욱이 종류가 다양해서 작물이 자라는 데 필요한 영양분을 골라서 뿌릴 수 있었단다. 화학 비료는 아주 빠른 속도로 거름과 퇴비를 대신해 나갔지.

그런데 얼마 뒤, 이상한 일이 일어났어. 화학 비료를 계속 뿌린 논밭에서 오히려 농작물이 잘 자라지 못하게 된 거야. 왜 이런 일이 일어났을까?

미국 아이오와주 옥수수밭에서 비료를 뿌리는 모습이야. 화학 비료를 잘못 사용하면 흙을 산성화해서 작물이 잘 자라지 못하게 돼.

그 원인은 화학 비료가 흙을 산성화했기 때문이야. '산성'은 물에 녹았을 때 푸른색 리트머스 종이를 붉게 물들이고, 페놀프탈레인 용액을 투명하게 하는 성질을 말해. 산성을 띠는 물질에는 신맛이 나는 것이 많지.

화학 비료를 논밭에 뿌리면 농작물이 필요한 양만 빨아들이고, 나머지는 흙에 남게 돼. 그런데 화학 비료에 들어 있는 유황, 질소, 인 등의 물질이 흙에 남으면 물에 녹아서 황산, 질산, 인산

이리는 산성 물질이 되어 흙을 산성화해.

흙이 산성화되면 흙 속에 살면서 낙엽이나 동식물 사체 등을 분해하여 양분을 만들어 내는 세균과 곰팡이 등이 살 수 없게 되지. 흙의 영양분이 없어질 뿐 아니라, 흙이 스스로 영양분을 만들어 내지 못하는 죽음의 흙이 되어 버리는 거야. 게다가 농작물에 피해를 주는 세균은 산성 물질 속에서 잘 번식하기 때문에 농작물이 각종 질병에 시달리게 된단다.

또한 흙 속에는 작은 생물들이 다니면서 공기와 물 등이 머무르는 작은 구멍이 생기는데, 작은 생물들이 죽으면 구멍들이 없어지고, 흙은 굳어 버리고 말아. 굳어 버린 흙에는 작물이 뿌리내리지 못하니까, 수확량도 줄어들겠지?

이렇게 흙에 축복인 줄 알았던 화학 비료는 흙을 죽이는 재앙 가운데 하나가 되고 말았어.

흙에 퍼붓는 또 다른 재앙, 농약

농사를 지을 때 사람들을 괴롭히는 것 중 하나는 농작물이 자라는 데 방해가 되는 해충과 잡초야. 해충은 농작물을 갉아 먹어 죽이고, 잡초는 뿌리를 넓고 깊게 뻗어 작물에게 가야 할 영양분을 쪽쪽 빨아 먹지. 그래서 사람들은 해충과 잡초를 죽이기 위해 살충제와 제초제 같은 농약을 뿌렸단다.

사람들은 아주 오래전부터 농약을 뿌리기 시작했어. 기원전 20년에 작물을 보호하기 위해 유황 가루를 썼다는 기록이 있어. 또한 1400년대까지 비소, 수은, 납과 같은 독이 있는 물질을 써서 해충을 없앴다고 해. 우리나라에서도 마른 쑥이나 재 등을 써서 병충해를 없앴다는 기록이 있어.

오늘날 쓰는 것과 같은 합성 농약은 1940년대부터 본격적으로 쓰이기 시작했어. 합성 농약은 싼 가격으로 공장에서 아주 많이 만들어 낼 수 있었거든. 합성 농약을 뿌리자 효과는 즉각적으로 나타났어. 해충이 바로 사라졌고, 따라서 작물 수확량도 늘어났지. 합성 농약은 빠른 속도로 보급되었어. 사람들은 너도나도 흙에 농약을 퍼부었지.

하지만 얼마 뒤에 농약의 부작용이 나타나기 시작했어. 해충을 없애려고 농약을 뿌렸는데, 해충을 잡아먹는 사마귀나 거미 같은 생물까지 죽어 나간 거야. 작물에 뿌린 농약은 흙에 스며들었고, 흙 속에 사는 생물들도 죽었지. 사람도 예외는 아니었어.

보호 장비를 쓰지 않은 채 농약을 뿌리다가 쓰러지기도 했단다.

문제는 거기서 끝나지 않았어. 해충과 잡초는 살아남기 위해 농약을 견디는 방법을 터득했어. 점점 더 독한 농약을 더 많이 써야 했지. 또한 농약을 먹고 죽은 생물들을 다른 동물들이 먹으면서 농약이 생물들의 몸에 쌓이게 되었고, 이는 생태계 전체를 파괴하는 결과를 낳았어. 생태계의 일원인 사람도 큰 피해를 입게 되었지.

1962년에 책 한 권이 나왔어. 미국의 생물학자이자 작가인 레이철 카슨의《침묵의 봄》이었지. 농약 중 제일 많이 쓰인 DDT가 생물들을 죽음에 이르게 함으로써 봄에 재잘거리던 새들이 사라졌다는, 그래서 봄은 왔는데 침묵만이 감돈다는 충격적인 내용을 담고 있었어.

사람들이 흙에 뿌린 농약은 흙뿐만 아니라 사람을 포함한 전 지구의 생물에게 닥친 또 하나의 재앙이 되고 말았지.

공장에서 흙에 쏟아 내는 독극물

흙은 시간이 지나면 스스로 깨끗해지는 능력이 있어. 오염 물질을 붙잡아 두어 더 깊은 곳이나 지하수로 옮겨 가는 것을 막고, 오염 물질을 멀리 이동시키기도 해. 또한 오염 물질을 분해해서 독성이 덜한 물질로 바꾸기도 하지. 하지만 흙 속에 오염물질이 갑자기 많아지거나 오랜 시간 계속 쌓이면 흙은 이 능력을 잃고 말아. 이렇게 오염된 흙을 다시 깨끗하고 건강하게 만들려면 아주 오랫동안 많은 노력을 기울여야 한단다.

도시가 커지고 산업이 발달하면서 공장이 많아졌어. 공장에서 나오는 각종 쓰레기, 즉 산업 폐기물 속에는 아주 독한 물질들이 섞여 있지. 이런 산업 폐기물은 안전하게 관리되어야 해. 하지만 함부로 흙에 파묻는 경우도 있어. 그 때문에 흙이 오염되지.

흙이 오염되면 물질의 독성 때문에 흙에서 자라는 식물과 그 식물을 먹는 동물들이 죽거나 병에 걸리게 돼. 사람도 예외는 아니라서 심각한 병이 생길 수 있고, 사망에까지 이를 수도 있지. 게다가 납, 아연, 구리, 수은 같은 중금속, 즉 무거운 금속은 생물의 몸속에 한번 들어가면 몸 밖으로 나가지 않고 쌓여. 그러면 이 생물을 먹고 사는 생물들의 몸속에도 중금속이 쌓이게 되고, 그 생물을 먹는 사람들의 몸속에도 쌓여 치명적인 영향을 준단다.

1942년, 미국의 한 화학 회사가 나이아가라 폭포 근처에 있는, 짓다가 만 운하를 사들였어. 그 운하의 이름은 '러브 운하'였지. 이 회사는 약 2만여 톤이라는 어마어마한 양의 산업 폐기물을 드럼통에 담아 그곳에 버렸어. 무려 10년 동안이나 말이야. 그러고는 1953년에 그곳을 모두 흙으로 덮고, 나이아가라시 교육 위원회에 1달러에 팔았어.

나이아가라시 교육 위원회는 그런 사실을 알고서도 그 자리에 학교를 지었어. 학교 근처에는 집도 들어섰지. 그 과정에서 묻혀 있던 산업 폐기물이 새어 나와 흙을 더욱 오염시켰어. 마을 사람들은 그런 사실을 꿈에도 모른 채 집에 살면서 학교를 다니고, 텃밭도 만들어서 채소와 과일을 길러 먹었지.

문제는 1970년대 초부터 본격적으로 불거졌어. 마을 사람들은 몇 년 동안 마당이나 공공 놀이터에서 나는 악취에 시달렸지. 피부병, 심장병, 천식, 암 등의 병을 앓는 사람들이 늘어났어. 임산부가 유산을 하거나 기형아를 낳는 일도 벌어졌지. 그러자 나이아가라시에서 조사에 나섰고, 마을 아래의 흙이 온통 산업 폐기물로 오염된 것으로 밝혀졌어. 결국 1978년 미국 정부는 비상사태를 선언하고, 사람들을 전부 대피시켰단다. 이 '러브 운하 사건'은 공장에서 내보내는 산업 폐기물이 흙을 얼마나 오염시키는지, 또 그로 인해 얼마나 큰 재앙이 닥치는지 보여 주는 최악의 사례야.

하늘에서 내려 흙을 적시는 독극물

1800년대 중반부터 영국 등 유럽에서는 산업 혁명으로 인해 공장이 한창 지어졌어. 공장에서는 석탄을 때면서 발생하는 엄청난 연기가 뿜어져 나왔지. 그러던 1852년, 스코틀랜드의 화학자인 로버트 스미스는 《대기와 비: 화학 기후학》이라는 책을 펴냈어. 이 책에는 중요한 내용이 포함되어 있었지. 영국 북부에 있는 도시인 맨체스터에서 석탄을 땜으로써 대기가 오염되고, 이로 인해 빗물이 강한 산성을 띠게 되었다는 것이었어. 산성비에 대한 최초의 보고였지.

도시가 커지고 산업이 발달하면서 공장이 많아졌을 뿐만 아니라 자동차도 수없이 늘어났어. 공장을 돌리고 자동차를 굴릴 때는 석탄과 석유 같은 화석 연료를 태우지. 이때 나오는 물질 가운데 이산화 황과 질소 산화물이 공기 중의 수증기에 녹으면 각각 산성 물질인 황산과 질산이 돼. 이 물질이 빗물에 섞여 땅으로 떨어지는 것을 '산성비'라고 하지. 원래 비는 약한 산성이야. 공기 중에 있는 이산화 탄소가 물에 녹으면 탄산이라는 약한 산성 물질이 되거든. 하지만 황산과 질산이 섞인 비는 산성이 더욱 강해진단다.

산성비가 흙에 떨어지면 흙이 산성화돼. 흙이 산성화되면 어떤 일이 일어나는지 앞에서 봤지? 맞아, 흙 속에 살면서 양분을 만들어 내는 작은 생물들이 살 수 없게 되지. 양분을 스스로 만들어 내지 못하는 죽음의 흙이 되는 거야.

산성 물질은 금속을 녹이는 중요한 성질이 있어. 그래서 흙 속에 있던 카드뮴, 아연 등의 중금속을 녹이지. 이 중금속이 식물에 흡수되면 몸 밖으로 나가지 않고 쌓이게 돼. 그 식물을 먹는 동물들의 몸에도 쌓이고, 사람의 몸에도 쌓여 치명적인 피해를 주게 된단다.

산성비에 대한 관심이 본격적으로 높아진 것은 1970년대에 들어서야. 독일, 스웨덴, 미국, 캐나다 등 산업이 발달한 나라들

에서 산성비로 인한 피해가 속속 보고된 거지.

잘 알려진 것으로 체코, 폴란드, 독일의 국경에 있는 '블랙 트라

이앵글' 지역에서 일어난 사례가 있어. 이곳에는 석탄의 일종인

갈탄을 때서 전기를 만드는 발전소가 있었지. 이 발전소

에서 나오는 연기가 빗물에 섞여서 산성

비가 내렸어. 이 산성비는 블랙 트라이앵글 중심에 있는 이제라
산맥에도 내렸어.

　이제라산맥의 숲을 덮은 흙은 지구 북부의 추운 곳에 흔하게
분포하는 '포드졸'로, 원래 강한 산성을 띤 흙이야. 여기에 산성
비가 내렸으니, 흙은 더 강한 산성을 띠게 되었어. 흙에서 자라
던 가문비나무들은 그 피해를 고스란히 받을 수밖에 없었지. 이
제라산맥의 울창하던 가문비나무 숲은 황폐해지고 말았단다.

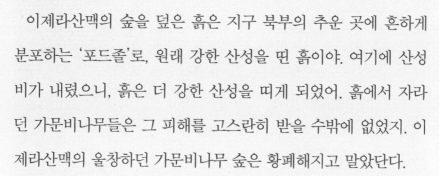

이제라산맥의 가문비나무 숲의 모습이야. 울창했던 숲은 산성비 때문에 황폐해지고 말았어.

흙을 살리려면

흙은 사람이 두 발을 딛고 사는 터전이야. 사람들은 흙에서 밥과 빵을 얻고, 흙으로 만든 집에서 살며, 그릇부터 스마트폰까지 다양한 것을 흙으로 만들면서 살아왔어. 하지만 사람들의 활동 때문에 흙이 죽어 가고 있어. 흙이 파헤쳐지고, 오염되고 있지.

유엔(UN, 국제 연합) 식량 농업 기구의 조사에 따르면, 전 세계

흙의 25%가 심하게 훼손된 상태라고 해. 흙 1cm가 만들어지려면 최소 200년 이상 걸리는데, 1년에 3mm의 흙이 황폐해지는 것이 오늘날의 현실이야. 이렇게 황폐해진 흙을 되살리려면 많은 시간과 비용, 노력이 필요해. 그래서 전 세계적으로 흙을 되살리기 위해 노력하고 있단다.

지구 곳곳에서 벌어지는 사막화를 막기 위해 유엔에서는 '사막화 방지 위원회'를 운영하고 있어. 그리고 세계 각국의 정부와 기업은 사막화가 진행 중인 지역의 주민들을 도와주고, 사막화 지역에 나무를 심는 등 사막화를 막으려고 노력하고 있지.

농부들은 자연에서 만들어진 비료인 거름과 퇴비에 다시 주목하기 시작했어. 화학 비료를 줄이고 거름과 퇴비를 같이 쓰거나 번갈아 쓰는 곳이 늘어났고, 아예 화학 비료를 쓰지 않는 곳도 생기고 있지.

각국 정부에서는 농부들로 하여금 독성이 강한 농약은 사용하지 않고, 햇빛이나 생물에 의해 분해되는 농약을 쓰도록 하고 있어. 또한 해충을 잡아먹는 천적이나 잡초를 먹이로 삼는 우렁이, 오리 등을 논밭에 풀어 기르는 방법을 쓰기도 하지. 한편으로는 농약을 덜 사용하도록 유도하고 있어.

세계의 많은 나라들은 산성비의 피해를 줄이기 위해서도 힘을 모아 노력하고 있어. 공장이나 자동차에서 나오는 이산화 황과 질소 산화물의 양을 줄이는 여러 방법들을 내놓고, 실천하기 위해 힘을 기울이고 있지.

2012년부터 유엔 총회에서는 12월 5일을 '세계 토양의 날'로 정했어. 우리가 생활하는 데 없어서는 안 될 흙의 중요성을 널리 알리고, 흙을 자원으로 보존하기 위해 노력하자는 뜻이지.

흙을 살리기 위해 우리가 할 일도 많아. 가장 중요한 일은 쓰레기를 줄이는 일이야. 우리가 버리는 쓰레기는 태우거나 땅에 묻어서 처리하는데, 태우면 공기를 오염시키고 땅에 묻으면 흙을 오염시키기 때문이지.

쓰레기를 줄이는 좋은 방법 가운데 하나는 분리수거를 철저히 하는 거야. 우리가 무심코 버리는 쓰레기 중에 재활용할 수 있는 것들이 상당히 많거든. 분리수거를 하면 쓰레기를 줄이는 데 큰 도움이 돼.

또 하나의 좋은 방법은 일회용품을 덜 쓰는 거야. 일회용품을 많이 쓰는 배달 음식을 줄이고, 시장이나 마트를 갈 때 장바구니를 들고 가서 비닐봉지 사용을 줄이는 것 등이 있지.

농산물이나 식품을 살 때 친환경, 유기농, 무농약 농사로 지은 것들을 사는 것도 한 방법이야. 그러면 유기농이나 무농약 등의 방법으로 농사를 짓는 농부들이 많아질 테고, 그렇게 화학 비료와 농약을 덜 쓰면 흙이 오염되는 것을 줄일 수 있어.

자동차 대신 지하철이나 버스 같은 대중교통을 이용하는 것도 좋은 방법이야. 자동차에서 나오는 배기가스를 줄이면 산성비를 막을 수 있고, 산성비 때문에 흙이 오염되는 것을 줄일 수 있거든.

개인부터 나라까지 전 세계가 흙의 소중함을 알고 되살리려고 노력한다면, 우리는 다시 기름진 흙 위에서 다른 생물들과 더불어 살아갈 수 있을 거야.

이것도 흙이라고?

아프리카 사막화를 막은 농부가 있다고?

'사막화'라는 커다란 재앙 앞에서 한 사람의 힘은 너무나도 보잘것없다고 생각할 수 있어. 하지만 사막화에 맞서 사막화를 막은 농부가 있어. 바로 아프리카 부르키나파소의 농부였던 야쿠바 사와도고(1946~2023)야.

부르키나파소는 세계에서 가장 큰 사막인 사하라 사막에 접한 사헬 지대에 있는 나라야. 1960년대 말부터 이곳에는 사막화가 일어났어. 이곳의 흙에서는 풀 한 포기, 나무 한 그루 자랄 수 없었지. 수많은 과학자들이 여러 방법을 제안했고, 국제기구들도 지원을 아끼지 않았어. 하지만 사막화를 막기에는 역부족이었지. 사람들은 극심한 굶주림에 시달렸고, 하나

둘 마을을 떠났단다. 하지만 사와도고는 사막화에 맞서 싸우기로 했어. 그는 또 다른 지역의 농업 활동가인 매튜 오에드라오고와 함께 연구를 시작했어. 그들이 주목한 것은 수백 년 전부터 내려오는 그 지역 전통 농법이었어.

첫 번째는 '자갈로 만든 저지선'이야. 주먹만 한 자갈들을 들판에 쭉 쌓아서 얕은 저수지를 만드는 일이지. 비가 오면 자갈들을 쌓아 둔 안쪽에 빗물이 모이고, 마른 흙에 빗물이 더 많이 스며들게 돼.

두 번째는 '자이'야. 비가 내리지 않는 건기에 땅에 뿌린 씨앗 주변에 구멍을 파고 거름, 나뭇잎, 야채 찌꺼기 등의 천연 비료로 구멍을 메우는 일이지. 이 천연 비료는 땅에 영양분을 공급했을 뿐만 아니라, 반가운 손님들도 불렀어. 바로 흰개미야. 천연 비료를 먹기 위해 모여든 흰개미는 흙덩이를 잘게 부수어 부드럽게 하고, 물과 공기가 통하는 통로를 뚫어 주었지. 덕분에 비가 많이 오지 않아도 흙에 물이 스며들었고, 식물이 자라기 시작했어.

물론 쉬운 일이 아니었어. 노동력이 많이 필요했지. 하지만 20년이 넘는 노력 끝에 사와도고의 노력은 결실을 맺기 시작했어. 황폐한 땅이 촉촉하게 젖었고, 약 25만㎡의 숲이 만들어졌어. 지하수의 양도 크게 늘어, 1980년대 중반부터 2009년까지 지하수의 높이가 평균 5m 올라갔지. 수수나 기장 등의 농작물을 기를 수 있게 되었고, 생산량이 최대 150%까지 늘었단다.

이 방법은 마을 전체에 퍼져 나갔고, 부르키나파소 전국에 퍼지기 시작했어. 사막화에 시달리던 말리, 니제르, 세네갈 등 다른 나라에도 이 방법이 알려지면서, 수만㎢에 달하는 지역이 기름진 땅으로 바뀌었단다. 이

방법을 사용하는 지역은 위성 사진으로도 알아볼 수 있을 정도라고 하지.

국제 사회는 사와도고의 공로를 인정했어. 사와도고는 2018년에 '대안 노벨상'이라고도 불리는 '바른생활상'을 받았고, 2020년에 유엔 환경 기획(UNEP)이 주는 '지구 챔피언상'을 받았어.

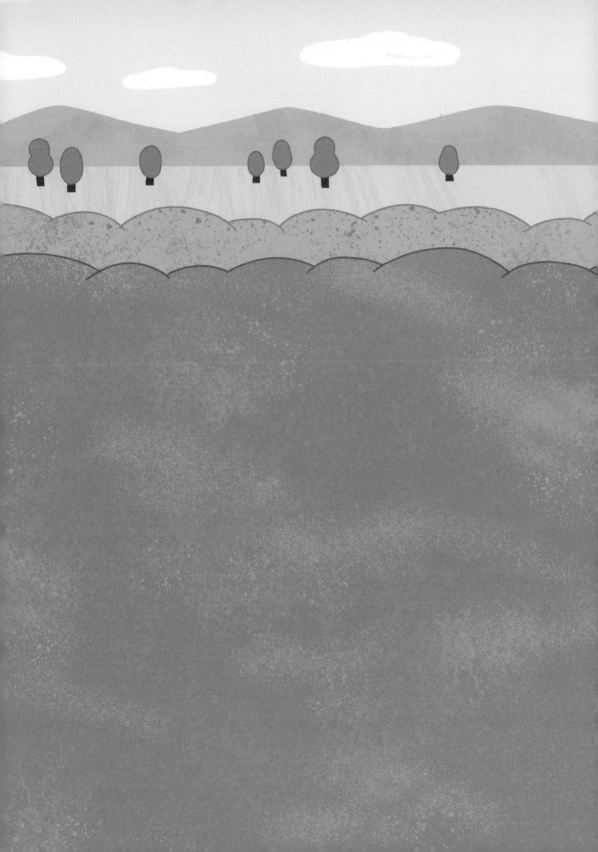

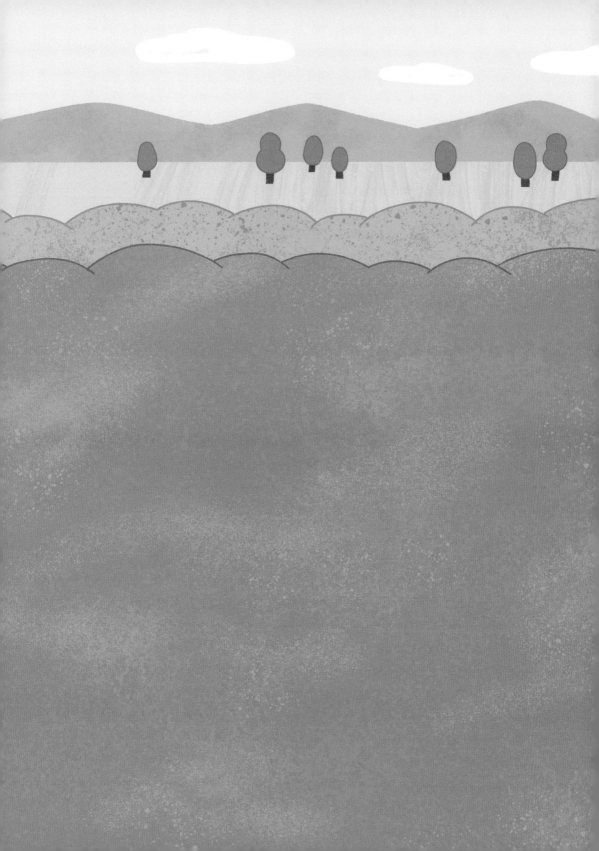

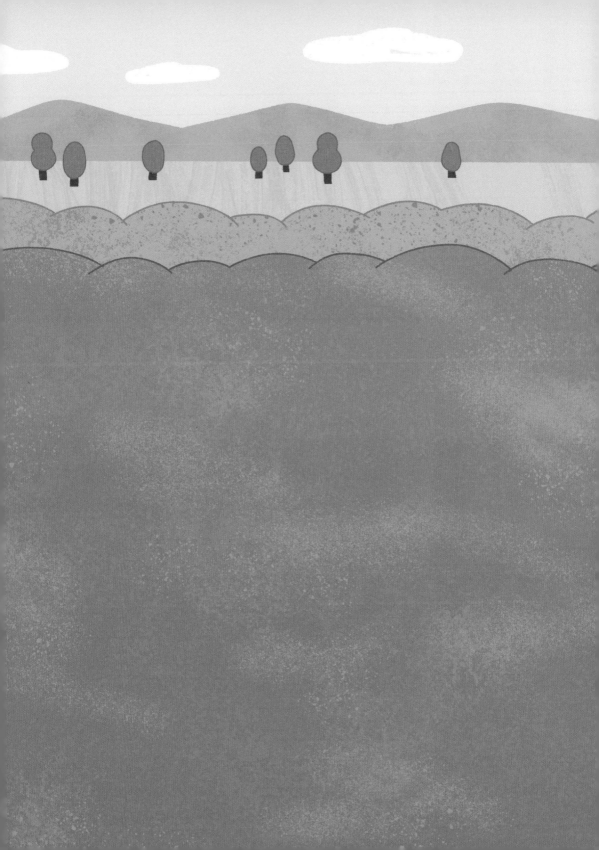